最新家装背景墙细解

卧室背景墙

李江军　主编

机械工业出版社
CHINA MACHINE PRESS

本书包含500多个当代资深室内设计师的最新案例，通过一目了然的标注方式，介绍了各种材料在卧室背景墙中的应用以及表现效果，使读者在阅读的过程中，能够对墙面材料的设计方法、装饰细节有一个综合的认识，在装修前做到心中有数，从而合理、准确地选择装修材料，营造出满意的空间效果。

图书在版编目（CIP）数据

最新家装背景墙细解．卧室背景墙 / 李江军主编
． -- 北京：机械工业出版社，2014.4
　ISBN 978-7-111-46227-9

　Ⅰ．①最… Ⅱ．①李… Ⅲ．①卧室 - 装饰墙 - 室内装饰设计 - 图集 Ⅳ．① TU241-64

　中国版本图书馆 CIP 数据核字（2014）第 055545 号

机械工业出版社（北京市百万庄大街 22 号 邮政编码 100037）
责任编辑：赵　荣
责任印制：乔　宇
北京画中画印刷有限公司印刷
2014 年 5 月第 1 版第 1 次印刷
215mm×285mm・6 印张・150 千字
标准书号：ISBN 978-7-111-46227-9
定价：29.80 元

凡购本书，如有缺页、倒页、脱页，由本社发行部调换

电话服务　　　　　　　　　　　　网络服务

社 服 务 中 心：（010）88361066　　教 材 网：http://www.cmpedu.com

销 售 一 部：（010）68326294　　机工官网：http://www.cmpbook.com

销 售 二 部：（010）88379649　　机工官博：http://weibo.com/cmp1952

读者购书热线：（010）88379203　　**封面无防伪标均为盗版**

前　言

　　背景墙是家居装修中的重点部位,由于它面积大、位置重要,是视线集中的地方,所以它的装修风格、式样及色彩,会对整个家居装饰起到决定性的作用。墙面设计效果直接影响室内的空间气氛。通过精心的设计可创造出不同的艺术情调和风格特色。

　　本套系列丛书由资深家居图书作者全程策划并编辑完成,出发点是为读者搭建一个可以借鉴参考装修知识的平台。根据内容分为四册,全方位展示客厅、卧室、餐厅、玄关、过道、书房、休闲区、卫生间等这些主要家居功能区的背景墙设计,并且包含典雅风格、简约风格、时尚风格、欧式风格、乡村风格、中式风格等多种常见家居风格。更为可贵的是每册书中都图文并茂地穿插设计贴士,以简洁易懂的形式,详细解析墙面设计的各种注意事项,避免读者在装修过程中走弯路。

　　参加本书编写的人员还有汪霞君、罗小岑、黄鹤龄、吴细香、吴丽丹、李青莲、陈从奎、周雄伟、李慧莉、陈模照、罗小政、钟建栋、林价志、李平忠、张仁元、刘凤春。

编者

目录
CONTENTS

前言

典雅风格
卧室背景墙

卧室墙面的装修重点

🏠 因为卧室中家具较多，墙壁约有三分之一的面积都被家具遮挡，人的视线基本上都集中到了家具上面，太华丽的墙面装饰也是浪费，同时还会让空间变得繁琐，因此墙面宜做简单装饰。不过对于床头上方的墙壁可以另外对待，因为这片墙壁通常是比较空白的，可以作为重点稍加修饰，配合整体风格烘托出主卧室的氛围，也可以用挂画、壁灯、台灯等代替床头上方的装饰，使卧室显得更加素雅。

木饰面板　　布艺软包

中式木花格刷白　　　　真丝手绘墙纸

墙纸　　　　　　实木制作角花

木线条收口　　布艺软包

墙纸　　　　　　　　　　　木地板上墙　　银镜　　　布艺软包

木线条装饰框　墙纸　　　黑镜　　木线条装饰背景刷白

实木雕花　　　布艺软包　　　　　　　　　　水曲柳饰面板显纹刷白　墙纸

小卧室采用同一种材质装饰床头墙

面积不大的卧室如果再做一些复杂造型的背景会略显凌乱，建议床头墙可以采用同一种材质做一整面的背景，这样会显得比较大气。比如整面的墙纸、软包、硬包或者木饰面等，具体选择哪种材质要根据整体风格来协调。

木饰面板　　　皮质软包

银镜拼菱形　　材皮质软包　　　　　　　　墙纸

布艺软包　　　　　　　彩色乳胶漆　　　木饰面板套色　　　墙纸

乳白色烤漆玻璃　　　布艺软包　　　　　　　　　　墙纸

布艺软包　　　　　　　　　　　　定制衣柜

灰镜倒45度角　　　布艺软包

布艺软包　　　布艺软包　　　　　　不锈钢线条装饰框

布艺软包　　　　　　　　　墙布

黑镜　　　　　　　　　　　　布艺软包

皮质软包

皮质软包　　不锈钢装饰条

墙布　　　　　　　　绒布软包　　　彩色乳胶漆

墙纸　　　　　墙纸　　木线条密排　　　布艺软包

木饰面板　　　　　布艺软包

布艺软包　　　　　密度板雕花刷白

墙纸　　　　　　　布艺软包

木饰面板　　　　　墙纸

墙纸　　　　挂镜线

墙纸　　皮质软包

卧室床头墙的色彩处理

🏠 在卧室床头墙的色彩处理上多花些心思往往可以产生突出的装饰效果。例如，可以让背景墙与其他墙面的色彩形成对比，使房间更有透视感，从而产生具有纵深的视觉效果，使空间看起来更大。调色乳胶漆是完成这类任务的最佳角色。另外，如果房间其他墙面均为白色，那么床头墙可以选用自己喜欢的颜色；如果其他墙面为浅色，则床头墙适合选同色系较深的颜色。

布艺软包　　　　墙纸

木饰面板　　　　墙纸

皮质软包　　　　墙纸

布艺软包　　　　墙纸

木线条装饰框刷白　皮质软包

布艺软包　　　　　　　　　银镜

墙纸　　　　　　　　　石膏板造型

墙纸　　　　　　皮质软包　木饰面板抽缝

爵士白大理石装饰背景　　　布艺软包

布艺软包　　　　银镜

墙纸　　　　　　　　　布艺软包　　　　　　　　　木线条刷白收口　　布艺软包

布艺软包　　　　　　　书法墙纸　　　　　　　　　银镜车边倒角　　布艺软包

皮质软包　　　布艺软包　　　　　　　　　实木雕花　　　布艺软包　　　　　　　　　墙纸

墙纸　　布艺软包　　　　　　　　　　　木饰面板

墙纸　　定制书柜

木饰面板　　密度板雕花刷白贴银镜

布艺软包　　饰面板装饰框

布艺软包　　　墙布

木饰面板　　　　　　木格栅贴墙纸

布料装饰卧室背景墙

🏠 用柔软的布料装饰背景墙能营造出华丽的效果，特别适合用在卧室或视听室。布料能够吸收杂音让房间更安静，同时还会带来安全感。选布料可以随季节和心情选择自己喜欢的颜色和图案，让整个房间变样，并且适用性很大。但要注意的是如果用布料装饰小卧室背景墙，则面积不宜过大。

布艺软包　　墙纸

墙纸　　　　　　　　　　　　　　饰面装饰框刷白

烤漆雕花玻璃　　布艺软包

墙纸　木饰面板　　　　　　　　　　布艺软包

墙纸　　　　　　　　木饰面板　　　　　　　　银镜　皮质软包

木饰面板　　　　　　　　布艺软包　　　　　木饰面板　　　　　　　　皮质软包

密度板雕花刷白　　　　　布艺软包　　　　　　　　　　　　　　布艺软包　　　墙纸

布艺软包　　　　　　　　墙纸　　　　皮质软包　　　　　　　　墙纸

墙纸　　　　　　　　　木饰面板　　　　墙纸　　　　　　皮质软包　　雕花银镜

布艺软包　　　　　　　墙纸　　　　洞石凹凸铺贴　　　　真丝手绘墙纸　　黑镜

装饰方柱　　　　　　冰裂纹玻璃

茶镜　　皮质软包

墙纸　　　木饰面板

墙纸　　　墙纸

墙纸　　　　　　　　布艺软包

彩色乳胶漆　　　　　黑镜　　木饰面板抽缝

挂画装饰卧室背景墙

🏠 无论卧室是什么风格，床头挂画都可以快速提升视觉效果，而且方便更换。建议事先根据房间的不同风格挑选装饰画，也可以根据空间的大小量身定做。甚至可以先选好满意的挂画，再为它搭配合适的卧室用品。考虑到卧室需要睡眠氛围，装饰画优先挑线条简洁流畅的，颜色也尽量避免过分浓重和鲜艳夸张，不要造成视觉兴奋。

墙纸　　　　　　　透光云石　　墙纸

木线条装饰框刷白　　　　　　　　　墙纸

墙纸　　　　艺术墙纸

墙布　　　布艺软包

陶瓷马赛克　　　　　　　墙纸

水曲柳饰面板显纹刷白　　　布艺软包

墙纸　　　　　　　藤编墙纸

皮质软包　　银镜

木饰面板　　　布艺软包　　墙纸　　　装饰纱幔

布艺软包　　　墙纸　　　　　　布艺软包　木线条间贴

黑镜拼菱形　　艺术墙纸　　　　波浪板　　布艺软包

灰镜　　　　　　　　布艺软包　　　　　　　　茶镜　　　皮质软包

大理石装饰框　　　布艺软包

雕花银镜　　　布艺软包

布艺软包　　　水曲柳饰面板显纹刷白

皮质软包　　　水曲柳饰面板显纹刷白

皮质软包　　　墙纸

木饰面板　　　暗藏灯带

铁艺造型装饰卧室背景墙

在卧室背景墙上贴上铁艺花枝造型，后期搭配相应的床品，可以营造出恬静温馨的卧室氛围。这类金属造型装饰床头，一般都是成品的装饰品，在大型建材城可以买到。选择好喜爱的造型物后，为避免大面积金属会压倒房间的整体设计，可以用温和高雅的颜色对造型物进行表面喷涂，以和床品进行配套，并添置一些边桌、花草等小物件，进一步柔和房间。

定制衣柜

藤编墙纸　　　彩色乳胶漆

绒布软包　　　墙纸

皮质软包　　　银镜

布艺软包　　　　　　　　　　墙纸

布艺软包　　　　　　　雕花黑镜

墙纸　　　　　　　　石膏板造型暗藏灯带

布艺软包　　实木线装饰套刷白

波浪板

布艺软包　　　木饰面板

银镜倒角　　　　皮质软包

木格栅　　　　墙纸

大理石线条收口　　　　皮质软包

皮质软包　　金属马赛克

墙纸　　　　　　　　木饰面板抽缝

皮质软包　　　　　墙纸

装饰线帘　　茶镜

磨花银镜　　　布艺软包　　　　皮纹砖

彩色乳胶漆　　　　布艺软包

布艺软包　　竹编装饰背景

皮质软包　饰面板凹凸装饰背景刷白

木饰面板　　　　　　　　墙纸

材料替代文字　　　　　　布艺软包

彩色乳胶漆　木网格刷白

> 卧室背景墙

画框装饰卧室背景墙

用艺术画多组并列做卧室背景墙的装饰是一种比较简便易行的办法，而且很容易根据整体装饰效果选择相应的画面，其装饰方法也非常多样。业主可以发挥自己的想象力和创造力，挑选自己喜欢的图片，将它们镶进相框中。要注意相框底衬的大小尺寸要统一，颜色要搭配，并且画面内容保持一定的连贯性。

石膏板造型拓缝　　　　　　　　　布艺软包

墙纸　　　　　　　　　黑镜　　　　布艺软包

布艺软包　　茶镜

墙纸　　饰面板凹凸装饰背景刷白

简约风格
卧室背景墙

布艺软包　　　　　　　　黑镜　布艺软包　　　　　　　　定制衣柜

彩色乳胶漆　　　　　　　　　　　　黑镜　皮质软包

墙纸　　　　　　　　　　　　皮质软包　　黑镜

烤漆玻璃装饰柱 布艺软包　　墙纸　　　　　　　　　　彩色乳胶漆

墙纸　　　　　　　　　　木饰面板　　　　　　　　　墙纸

墙纸　　　黑镜　　　　　　　墙纸　　　　　　墙纸

银镜　　　　　　布艺软包

墙纸　　　　　　　　　　皮质软包

木纹砖　　　　　　　　　墙纸

墙纸　　　　　　　　　陶瓷马赛克

墙纸

皮质软包　　　　　　黑镜

08
> 卧室背景墙

木质材料装饰卧室背景墙

木质材料装饰卧室背景墙，能够比较便利地实现多种造型，像层叠、梯田式等，可以打造出一个立体床头背景，实现空间的层次感和灵动性。但木质墙面需要与周围环境在色调上、风格上进行统一，如果想要营造亲切沉稳的空间氛围，那么中性偏深的颜色比较适合。此外，选择木质材料作为背景，一定要预留出足够的空间，方便背景墙体的设计打造。

皮质软包　　银镜

墙纸

墙纸

装饰挂件　　布艺软包

灰镜   墙纸

墙面柜内嵌雕花银镜   墙纸

杉木护墙板刷白   墙纸

墙纸   灰镜

皮质软包   彩色乳胶漆

杉木板装饰背景刷白   墙纸

墙纸　　　　　　　　　　彩色乳胶漆

墙纸　　　　布艺软包

杉木板装饰背景刷白　　　　　　皮质硬包

布艺软包　　　银镜　　　　　　墙纸

皮质软包　　　　　　墙纸

茶镜　　　墙纸

银镜　　　　布艺软包

定制衣柜　　　　　　墙纸

墙纸　　　　　　灰镜拼菱形

装饰线帘挂银镜　　皮质软包

木线条装饰框刷白　　彩色乳胶漆

布艺软包　　　　　彩色乳胶漆

墙纸装饰卧室背景墙

🏠 卧室是主人享受私密的地方，个性喜好尽在其间，可以选择主题墙纸装饰卧室墙面。不管是冷色还是暖色，大花朵还是小碎花，都可尽情选择。卧室墙纸最好与床品、窗帘、地毯、灯光等元素相称，并保证对花准确，过渡自然。单色或图案简单雅致的款式适合四壁满铺，个性或颜色突出的则可考虑单面墙铺贴或床头墙局部铺贴。

墙纸   皮质软包

布艺软包   墙布

皮质软包   雕花银镜

银镜 皮质软包   墙纸

彩色乳胶漆

彩色乳胶漆　　　　　　　　　　　　杉木板装饰背景刷白

灰色乳胶漆　　墙纸

墙纸

装饰壁龛嵌银镜　　彩色乳胶漆

墙纸　　　　　　　　　　　　木饰面板

墙纸   银镜

定制衣柜   黑镜

石膏板造型刷白

彩色乳胶漆   墙纸

布艺软包   墙纸

墙纸   装饰搁板刷白

墙纸　　　　　　　　　　彩色乳胶漆　　　　　　布艺软包

彩色乳胶漆　　银镜倒角　　　　　　墙布　　　　　　　　　　灰镜

灰色乳胶漆　　　　　　　墙纸　　　　　　墙纸　　　　　　黑镜

镜面装饰卧室背景墙

公寓房的卧室空间一般会比较局促，如果运用一些镜面装饰会使空间感得到大大增强，但是卧室的床头墙上尽量不要采用整面的大镜，以免晚上起来的时候会吓到，这样从传统角度来说也是比较忌讳的。

墙纸　　　茶镜

墙纸　　　　　　　布艺软包

布艺软包　　　　　　　　墙纸

墙纸　　　　石膏板造型拓缝

彩色乳胶漆　　装饰搁架

墙纸　　　　　墙纸

墙纸　　　　石膏板造型

材料替代文字　木花格刷白贴银镜

黑镜　　　　布艺软包

墙纸　　　　钢化玻璃

墙纸　　　　　布艺软包

墙纸　　　　　布艺软包

皮质软包　　　灰镜

墙纸

墙布

墙纸　　　　　布艺软包

布艺软包　　　　　　布艺软包　　　　　　墙纸

墙纸　　　　　　墙纸　　　　　　墙纸　　　　　　杉木板装饰背景刷白

布艺软包　　　马赛克拼花　　　　　　木线条收口　　　　布艺软包

> 卧室背景墙

硬包装饰卧室背景墙

🏠 卧室的床头墙使用硬包，可以让室内氛围更加温馨。通常安装硬包的墙面只需要做平整即可，但是，一般还是要建议业主在墙面上用木工板或者高密度板打底，硬包安装时要用枪钉打一下，防止时间长了发生掉落的问题。

墙布   墙纸

墙纸   墙纸

皮质软包   木饰面板   墙纸

石膏板造型拓缝   墙纸

墙纸

灰镜

彩色乳胶漆　　墙纸

墙纸　　　　　　皮质软包

墙纸　　　　墙纸　　　墙纸　　　陶瓷马赛克

装饰搁架　　　　　　　　墙纸　　　　　黑镜　　　　布艺软包

布艺软包　　木饰面板　　　　　　　墙纸　　　　　墙纸

木线条密排　　　　雕花茶镜　　　　　　　　　　布艺软包　　　磨花银镜

墙纸　　　木格栅　　　黑镜　　　布艺软包

布艺软包　　　木饰面板　　　墙纸　　　墙纸

墙纸

质感艺术漆

12
> 卧室背景墙

软包背景墙的两种面料

🏠 卧室背景墙使用软包的装饰手法已经非常普遍，软包面料分为布艺和皮质两种。市场上绝大部分的皮质面料都是 PU 制成，在选择 PU 面料的时候，最好挑选哑光且质地柔软的类型，因为太过坚硬容易产生裂纹或者脱皮现象。

密度板雕花　墙纸

墙纸

墙纸

布艺软包 木地板上墙

皮质软包　　　　　　　饰面板凹凸装饰背景刷白

布艺软包　　马赛克拼花

墙纸　　　　　　　　皮质软包

磨花银镜　　　布艺软包

墙纸　　　　　　皮质软包

布艺软包　　水曲柳饰面板显纹刷白

木线条装饰框刷白　　　　墙纸

墙纸　　　　布艺软包

木饰面板　　　　布艺软包

灰色乳胶漆　　密度板雕花刷黑漆

墙纸　　　　石膏板造型刷白

皮质软包　　　木线条装饰框

皮质软包　　　　　　　　　　彩色乳胶漆

墙纸　　　　　　皮质软包

墙纸　　　　　　　　　布艺软包

茶镜　　　布艺软包

布艺软包　　饰面板凹凸装饰背景刷白

饰面板凹凸装饰背景　　布艺软包

13
> 卧室背景墙

软包装饰卧室床头墙

软包的设计可增加卧室的华丽感觉。软包一般是在做好油漆之后再进行施工的，在设计之初就要考虑好工艺细节，比如软包与其他墙面的收口问题。一般软包的厚度在3~5厘米左右，底板最好选择9毫米以上的多层板，尽量不要用杉木集成板，否则容易起拱。

灰镜拼菱形　　　　　　饰面板凹凸装饰背景刷白　　　　　　　　　　　　　　墙纸

墙纸　　　　　　　　　　布艺软包　　　布艺软包　　　　　茶镜

布艺软包　　　　　　　　　　　　灰镜倒角　　　　布艺软包

茶镜拼米字形　　　　　　布艺软包　　　　　　　　　　　墙纸　　　实木半圆线装饰框刷白

皮质软包　木线条装饰框刷白　　　硅藻泥　　　　　　皮质硬包

布艺软包　墙纸　　　　　　石膏罗马柱　　　墙纸

木饰面板装饰框　皮质软包　　　　　　布艺软包　　　石膏罗马柱

饰面板凹凸装饰背景刷白　布艺软包　　饰面板凹凸装饰背景刷白　　　　　　　　　布艺软包

皮质软包　　　　　　　　　　　　　墙纸　茶色烤漆玻璃倒角　　布艺软包

金属马赛克　　银镜　　　　　　　　　　饰面板凹凸装饰背景刷白

14
> 卧室背景墙

软包背景的基层选择

软包作为卧室的床头背景既温馨又大方，但需要注意的是无论软包还是硬包都是覆盖在密度板的基层上的，装修业主在购买时更多的是关注软包的材质和色彩，却忽视了密度板的选择。有些商家可能会以次充好，用些品质比较差的密度板，这样以后会影响整个空间的环保指数。

布艺软包　　　　　　　　　布艺软包

皮质软包　　　　　　　　布艺软包

墙纸　　　　　　　　　皮质软包

密度板雕花刷白　布艺软包

马赛克　　　　　　　　　　　　实木护墙板

杉木护墙板刷白　　　　皮质软包

墙纸　　饰面板凹凸装饰背景刷白

木线条装饰框刷白　　　墙纸

马赛克　　　　　　　　布艺软包

银镜　　皮质软包

墙纸　　　　　　　　　　　皮质软包

磨花银镜　　　　　　　　　金属马赛克

大理石装饰框　　墙纸

布艺软包　　　　饰面板凹凸装饰背景刷白

皮质软包　　　　　　墙纸

皮质软包　　　　　　　　　　　　墙纸

布艺软包　　　木饰面板抽缝　　　　　石膏罗马柱　　　　　　　　墙纸

布艺软包　　　墙纸　　　茶镜倒 45 度角　　　皮质软包

茶镜

布艺软包

木饰面板斜铺

15
> 卧室背景墙

软包背景的基层处理

在使用软包时，需要注意的是软包的基层处理，如果有基层的，一般先用钉子固定基层，再用软包盖住钉子；若无基层，墙面必需做过防潮处理后，再把软包粘上墙，不然容易发霉。此外，要注意软包是最后安装阶段才进行施工的，如果先期设计的时候没有考虑到软包接缝和开关插座的位置，很容易导致开关或者插座在软包的接缝上出现问题。

水曲柳饰面板显纹刷白　布艺软包

布艺硬包　　　　　　　　　　布艺软包　　　　灰镜

墙纸　　木线条装饰框刷白

布艺软包　　　　　　饰面板凹凸装饰背景刷白

银镜　　皮质硬包　　　　　墙纸　　　　　　　　布艺软包

皮质软包　　　　实木罗马柱　皮质软包　磨花银镜　　　　墙纸

布艺软包　　　　　　　墙纸　　大理石线条装饰背景　　　　布艺软包

布艺软包　　　　　　　银镜倒角　　　　　　饰面板凹凸装饰背景刷白

墙纸　　　　茶镜倒角　　　　　　　墙纸　　　　布艺软包

银镜　　　　皮质软包　　　　　　石膏罗马柱　　布艺软包

灰镜车边倒 45 度角　　　布艺软包

墙纸　　　　　　　木网格刷白

木线条拉框内铺墙纸　　　皮质软包

墙纸　　　　　　　皮质软包

雕花黑镜

皮质软包

布艺软包

软包的斜格上避免安装插座

🏠 如果采用软包装饰卧室床头墙的话，在布排水电的时候就应注意到插座的位置不要定在软包的斜格子上，最少也要有80毫米的距离，否则在后期施工的时候，会出现插座无法安装或者插座装不正的现象。

墙纸   皮质软包

不锈钢装饰条   布艺软包

金色不锈钢装饰条包边   布艺软包

不锈钢装饰条扣布艺软包　　　　　　墙砖　　　　　　硅藻泥　　　　　　皮质软包

实木线条装饰框　　　　皮质软包　　墙纸　　　布艺软包　　　　　　　　墙纸

墙纸

布艺软包

皮质软包　　　　布艺软包　　　　黑镜　　　　布艺软包

磨花银镜　　布艺软包　　　　杉木板装饰背景刷白　　　　　布艺软包　　　墙纸

银镜　　　　　布艺软包　　　　木线条装饰框喷金漆　　　　石膏雕花线

皮质软包　　金色不锈钢装饰条　　　　　　　　　装饰纱幔　　　墙纸

皮质软包　　饰面板凹凸装饰背景刷白　　　　木饰面板　　墙纸　　　　　　皮质软包

金属马赛克

皮质软包

饰面装饰框刷白

半圆形床幔装饰卧室背景墙

床幔的装饰效果一直都比较受装修业主们的喜爱，一般分为半圆形和方形两种。如果顶面做吊顶并有反光槽，而且是做半圆形床幔的话，光槽口离墙面的尺寸一般要在450毫米以上，还要在做床幔的顶部加木工板固定；如果做方形床幔的话可以适当窄一点，但是吊顶光槽口至少也要距离墙面350毫米以上。

墙纸
实木线装饰套
布艺软包

布艺软包
墙纸
皮质软包

墙纸　　　　　　　　　　　　　　墙纸

彩色乳胶漆　　　　　　　　　　　墙面柜嵌银镜

灰色乳胶漆　装饰搁架

皮质软包　　　　　　　　　　　　墙纸

墙纸　　　　　　　　　　　　　　皮质软包

布艺软包　　　　　　　　　　　　银镜

彩色乳胶漆　　　　　　　　　　装饰壁龛

墙纸　　　　　　　　　　　　　布艺软包

墙纸　　装饰挂镜

布艺软包　　　　　　　　　　　墙纸

皮质软包　　　　　　　　密度板雕花刷白　装饰挂帘

墙纸　　黑镜

雕花黑镜　　木地板上墙　　　　　墙纸　　　　　　　　　　　　　墙纸

墙纸　　　　　　　　杉木护墙板刷白　　　彩色乳胶漆

文化石　　　　　　　艺术墙绘　　　　　　　密度板雕刻刷白

> 卧室背景墙

帷幔装饰女孩房的背景墙

每个女孩都有一个公主梦，因此很多女孩的房间，甚至是女主人的房间都会在床头装饰一些帷幔，需要注意的是这些帷幔的花色尽量与窗帘的布料和花纹保持协调一致。此外，如果孩子的床没有床架用来挂纱幔，那么不妨将上方的墙面好好利用起来。这时就可以随心所欲地设计成各种各样的形状，可以让孩子自己进行设计，让孩子发挥想象搭建自己的小空间。

墙纸　　　　　装饰搁架　　　　　　　灰色乳胶漆　　　　　灰木纹大理石

茶镜　　　　　　　墙纸　　　　　不锈钢装饰条扣灰镜

墙纸　　　　石膏板造型刷白　　　布艺软包　　　银镜倒角

茶镜　　　　　　　布艺软包　　　墙纸　　　　　　　　　定制衣柜

木饰面板　　　布艺软包　　　　　　　　　　　　　布艺软包　　　不锈钢装饰条

石膏板造型　　　灰色乳胶漆　　　　　　　　银镜　　皮质软包　　　　　　　墙纸

石膏浮雕　　　　　　　　　　　密度板雕花刷白　　　　　　　墙纸

墙纸　　　　　　　　　　　墙纸　　　　　　　　　墙纸

彩色乳胶漆　　　　　艺术墙绘

墙纸　　　　　　　　银镜

彩色乳胶漆　密度板雕花刷白

定制衣柜　　　　　　密度板雕花刷白

墙纸　　　　　　　　石膏板雕花刷白

石膏板造型刷白　　　墙纸

19
> 卧室背景墙

卧室背景墙上安装壁灯

🏠 卧室的床头安装壁灯能增加整个空间的温馨感，看书或观看电视节目的视觉效果也会很舒服。但是切记不能将壁灯安装在床头的正上方，这样既不利于营造气氛，也不利于安睡。安装的位置最好是在床头柜的正上方，并且建议采用单头的分体式壁灯。

金属马赛克　　墙纸

墙纸　　彩色乳胶漆　　墙纸

墙纸　　　　　　墙纸

墙纸　　马赛克拼花

墙纸　　　　　　　　　　　装饰珠帘

密度板雕花刷白

墙纸　　　　　　　　　　　雕花茶镜

马赛克拼花　　　　　　　　墙纸

布艺软包　　墙纸

墙纸　　　　　　　　　　　装饰线帘

彩色乳胶漆　　　　　墙纸

墙纸　　　　　墙纸

夹丝玻璃　　　　　装饰方柱

布艺软包　　　　　墙纸

墙贴　　　　　彩色乳胶漆

墙纸　　　　　布艺软包

绿色烤漆玻璃

墙纸　　　　　　　　　　　　石膏板造型拓缝

墙纸　　　　银镜

墙纸　　　　　　墙纸

艺术墙绘　彩色乳胶漆

墙纸

布艺软包　　不锈钢装饰条

20
> 卧室背景墙

卧室床头背景加入灯光设计

卧室是个比较温馨的空间，设计床头背景时增加一些灯光，在夜晚显得很有氛围，而且也不会很刺眼。因为床头柜本来很小，如果再放个台灯会占去很多空间，很多人习惯靠在床头看书，床头柜上肯定要放几本杂志，所以床头灯可以考虑做在背景中，光带、壁灯、甚至床头小吊灯都可以。

墙纸　　　　　　　　　　　　　　　　金属马赛克　　　　　　艺术墙纸

墙纸　　　　　　　　　　　　　装饰搁架刷白

木线条密排刷白　　　　墙纸

墙纸　　　　　　石膏板雕花刷白　　　　布艺软包　　　　墙纸　　　　　　红色烤漆玻璃

不锈钢装饰条

皮质软包

黑镜

墙纸　　　　　墙纸　　　　　　　　　　　　杉木板装饰背景刷白　装饰腰线

石膏板造型拓缝　　　　　　　　墙纸　　　石膏板造型拓缝　　　墙纸

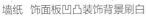

墙纸　饰面板凹凸装饰背景刷白　　实木雕花挂件　　　　墙纸

杉木板装饰背景

彩色乳胶漆

硅藻泥　　　　　　　　　　实木顶角线

艺术墙绘

墙纸

木网格　　　彩色乳胶漆

21
> 卧室背景墙

卧室的电视柜与衣柜一体设计

🏠 卧室里如果把电视柜和衣柜融为一体也是一个不错的选择，在空间上能非常好地节约卧室的长度，也可为卧室添置书桌与书柜节省出空间。在施工前最好先把卧室床具的尺寸确认好，柜与床之间尽量保持70厘米以上的距离，柜的深度也应尽量保持在50厘米以上，太窄了不能起到储藏衣物的作用。

墙纸   杉木护墙板刷白   墙纸

墙纸　　　　　　装饰壁龛　　　　　　杉木护墙板刷白　　　　墙纸

墙纸　　　　　　墙纸　　　　　　墙纸　　　　　　木饰面板斜铺

墙纸　　　　　　彩色乳胶漆　　　　墙纸

饰面板凹凸装饰背景刷白　　墙纸

杉木护墙板刷白　　墙纸

木饰面板抽缝　　墙纸

墙纸　　杉木板装饰背景刷白

石膏罗马柱　　　　杉木板装饰背景刷白

杉木护墙板刷白　　装饰纱幔　　墙纸

木花格贴银镜 　　　　　　　　　　艺术墙绘

中式木花格贴茶镜 　　　皮质软包

木花格 　　　　真丝手绘墙纸

墙纸 　　　木格栅贴银镜

灰色乳胶漆　木花格贴茶镜

艺术墙绘 　　雕花银镜

卧室衣柜摆在床对面的位置

如果卧室左右两边的宽度不够，或者隔壁的主卫与卧室之间做成半通透的处理，这样常规的位置就做不下衣柜了，建议考虑把衣柜放在床对面的位置，但要特别注意移门拉开以后的美观度，可以做些抽屉和开放式层架，避免把堆放的衣物露在外面。

布艺软包　　　木花格贴透光云石　　　　　　　　布艺软包　　　　墙纸

实木制作角花　　　墙纸　　　艺术墙纸　　　中式木花格

木网格　　　　　　墙布　　　　　　　　　　墙纸

布艺软包　　　　木饰面板

木网格贴茶镜　　　布艺软包

皮质软包　　　　墙纸

布艺软包　　　　墙纸

布艺软包　　　　木花格

木花格　　布艺软包

布艺软包　　木花格贴黑镜

木花格贴黑镜　墙纸

布艺软包　　灰镜

墙纸　　　　木通花

艺术墙纸　　　　书法墙纸

艺术墙纸　装饰挂件　　　　　彩色乳胶漆

中式木花格　皮质软包

茶镜　　　墙纸

墙布　　　木花格

装饰挂件　　　　　　　　木线条密排

真丝手绘墙纸　　实木制作角花

大卧室设计电视墙

🏠 面积较大的卧室如果将电视悬挂在床尾的墙上，往往会因为收视距离太远而影响视听效果；如果将电视摆放在家具上，那么搁在卧室中间的家具会让空间变得凌乱。不妨在卧室的适当位置设计一道假墙，划分出一个睡眠区和一个休息区，挂在假墙上的平板电视既可以面向睡床，又可以面向休息区，随主人喜好而定。因为各种电线、信号线都可以设计在假墙的里面，所以这种设计没有过多的电线暴露在外面，墙面十分整洁，空旷的卧室空间也因此得到了有效的分隔。

艺术墙纸　密度板雕花刷白 　　　　　　书法墙纸 　　　　　　实木雕花挂件

实木雕花　皮质软包 　　　　艺术墙纸　木花格

布艺软包　雕花黑镜

布艺软包 中式木花格贴透光云石

艺术墙纸　　　　　　　　布艺软包

实木雕花挂件

皮质软包

书法墙纸　　　　　　　　艺术墙纸

卧室设计旋转的电视背景墙

如果两个相邻的房间都要观看电视的话，可以在共有的墙体上做可以旋转的电视背景设计，这样就可以做到一台电视机共用于两个不同的房间了。但是要注意的是，采用这样的设计会导致两个房间的私密性下降，因此建议用于在同一功能区的两个相邻房间，比如主卧室和与主卧室相配套的起居室。

中式木花格贴墙纸   真丝手绘墙纸   墙纸

杉木板装饰背景　　　　　　　　　　　　墙布　　　　　　　　　　　艺术墙纸　　　　　木花格贴茶镜

布艺软包　　　　　　　　　　　中式木花格　　　　　茶镜　　　　布艺软包　　　　　　　　　　木饰面板

金属马赛克　　　　　　　　　　　　墙纸　　　　　书法墙纸　　　　中式木花格

墙纸　　　　中式木雕屏风

木饰面板　　　　布艺软包 书法墙纸

实木雕花　　布艺软包　　　　　装饰方柱

皮质软包　　　黑镜

实木雕花　　乳白色烤漆玻璃　　墙纸　　　布艺软包

卧室电视机摆放和线路隐藏

一般公寓房的卧室面积普遍不大，没有足够的空间摆放电视柜，电视机和机顶盒等设备只能采用壁挂，要注意在插座排布的时候，最好将插座位置做到离地 1.1 米左右的高度，电视机采用活动支架安装，这样插座、电视线插口等可以完全隐藏在电视机的背面。

实木雕花

密度板雕花刷白　　皮质软包